Verena Schmidt

Wirtschaftliche Bedeutung und landwirtschaftliches Potenzial von ökologisch angebauten Speisekartoffeln

Eine Untersuchung vor dem Hintergrund eines nachhaltig verträglichen Pflanzenanbaus

GRIN Verlag

Bibliografische Information der Deutschen Nationalbibliothek:

Die Deutsche Bibliothek verzeichnet diese Publikation in der Deutschen National-
bibliografie; detaillierte bibliografische Daten sind im Internet über http://dnb.d-
nb.de/ abrufbar.

Impressum:

Copyright © 2012 GRIN Verlag GmbH
Druck und Bindung: Books on Demand GmbH, Norderstedt Germany
ISBN: 978-3-656-45766-4

Dieses Buch bei GRIN:

http://www.grin.com/de/e-book/215355/wirtschaftliche-bedeutung-und-landwirt-
schaftliches-potenzial-von-oekologisch

Wirtschaftliche Bedeutung und landwirtschaftliches Potenzial von ökologisch angebauten Speisekartoffeln

Eine Untersuchung vor dem Hintergrund eines nachhaltig verträglichen Pflanzenanbaus

Schmidt, Verena-Christina[1]

Zusammenfassung

Die Kartoffel ist sowohl aus pflanzenbaulicher als auch aus ökonomischer Sicht eine wichtige Kultur im ökologischen Landbau. Nachhaltig verträgliche Aufbaustrategien für Speisekartoffeln im Hinblick auf die Ertragssicherung und Qualitätsverbesserung haben sich in der Praxis als erfolgreich erwiesen, doch es besteht noch besonderer Forschungsbedarf vor allem bei der Regulierung von Krankheiten und den Minderungsstrategien für den umstrittenen Kupfereinsatz. Übergeordnete Bedeutung haben alle präventiven Anbaumaßnahmen, die den Verzicht auf konventionell übliche Methoden effizient ausgleichen. Dies ist mit einem erhöhten Arbeitsaufwand verbunden, zahlt sich aber im Endeffekt durch eine hohe Qualität aus, von der sowohl Produzent als auch Verbraucher profitieren.

Schlüsselwörter: Anbau, biologisch/ökologisch, (Speise-) Kartoffel, Landwirtschaft, Nachhaltigkeit

Abstract

The Potato is an important crop in organic agriculture with view to plant production and economy. Sustainable farming practices of ware potatoes have proved in practice to be successful with respect to stability of yield and the improvement of quality. Research is still needed for the regulation of diseases and the mitigation strategies for the controversial use of copper. Preventive measures of cultivation have a superior importance because they have to compensate efficiently the waiver of the usual conventional methods. This is associated with an increased workload, but in the end it has the advantage of a high quality, the benefit of both producer and consumer.

Key words: agriculture, cultivation, organic/ecological, (ware) potato, sustainability

1   Einführung

Die Kartoffel (*Solanum tuberosum L.*) gehört durch ihre hohe Nährstoffdichte, dem Stärkegehalt und der hohen biologische Wertigkeit des enthaltenen Proteins zu den weltweit bedeutendsten Lebensmitteln aus der Familie der Nachtschattengewächse (DGE 2010). Besonders Kartoffeln aus ökologischer[2] Landwirtschaft haben ein hohes Marktpotenzial bezogen auf die Nachfrage privater Haushalte. Im Jahr 2010 rangierten Kartoffeln im Biolebensmittel-Bereich nach Eiern mit 7,0 Prozent und Frischgemüse mit 5,4 Prozent an dritter Stelle mit einem Anteil von 4,7 Prozent (AMI 2011: 9). Dies verdeutlicht, dass der Kartoffelanbau und -absatz für den ökologischen Landbau in Deutschland von hoher Bedeutung ist und dass daher weiterhin die Ausdehnung des Anbaues bei guter Qualität zu unterstützen ist (Böhm et al. 2011a: 18f.). Um eine Bewertung des Kartoffelanbaus auch hinsichtlich ökologischer Aspekte zu ermöglichen, muss die gesamte Prozesskette laut Böhm und Haase (2003: 37f.) in Abhängigkeit der jeweiligen Verwertungsrichtung betrachtet werden. Hier soll Fokus auf die Verwendung als Speisekartoffel genommen werden, da diese nach Angaben des Statistischen Bundesamtes (2012) den höchsten Anbauanteil ausmachen. Verarbeitungs- und Industrieware

---

[1] Mastermodul NW14: Nachhaltige Erzeugung und Verarbeitung in der Ernährungskette; Fachbereich Oecotrophologie, Fachhochschule Münster, Corrensstr. 25, 48149 Deutschland; http://www.fh-muenster.de/fb8

[2] Die Begriffe „*ökologisch*" und „*biologisch*" werden im Textverlauf synonym verwendet.

oder die Nutzung als Pflanzgut sind weitere Verwertungsrichtungen der Kartoffel. Besondere Bedeutung haben die folgenden Themengebiete: Genotyp (Sortenwahl und Züchtung), Pflanzguterzeugung und -qualität, Anbau (Anbautechnik mit Bestandspflege, Fruchtfolge, Düngung und Pflanzenschutz) sowie Ernte und Lagerung. (Böhm & Haase 2003: 37f.) Der vorliegende Bericht beschäftigt sich daher neben der wirtschaftlichen Bedeutung auch mit den Anbaubedingungen der Feldfrüchte im Ökolandbau, so dass ein möglichst umfassender Überblick über das ökonomische und ökologische Potenzial des Bio-Kartoffelanbaus gewährleistet werden kann.

2   Methoden

Die im Folgenden dargestellten Ergebnisse basieren auf einer umfassenden Literaturrecherche, mittels derer während des Zeitraumes Dezember 2011 bis Februar 2012 ein möglichst repräsentativer Überblick über den aktuellen Stand der Forschung zusammen getragen wurde. Um bei der Recherche einen hohen Grad an Vollständigkeit zu gewährleisten, wurde systematisch vorgegangen und die Suche nach Schlagwörtern wie *Anbau; Feldfrüchte; Gemüsebau; konventionell/herkömmlich; Kartoffel; Landwirtschaft; nachhaltig* und *ökologisch/biologisch* eingegrenzt. Die Nachforschungen fanden im Internet mittels Suchmaschinen, insbesondere wissenschaftlicher Suchmaschinen wie *„google.scholar"* und der Zusammentragung relevanter Literatur von Datenbanken wie *„Organic ePrints"* statt. Ein wichtiger Ort der Recherche waren auch die Webseiten der relevanten Ministerien, der Landwirtschaftskammern, Ökoverbände sowie des Statistischen Bundesamtes. Ebenfalls zu nennen ist die Recherche in Fachbüchern und -zeitschriften, wie beispielsweise der *„Kartoffelbau"* des DLG-Verlages. Nach Zusammentragung des Datenmaterials wurde dies themenspezifisch miteinander verglichen und auf Glaubwürdigkeit und Bedeutsamkeit für die Aufgabenstellung dieses Artikels geprüft.

3   Ergebnisse und Diskussion

3.1   Rechtliche Grundlagen

Im konventionellen Landbau gilt die „Gute fachliche Praxis" (GfP), die sich an alle im Agrarraum tätigen landwirtschaftlichen Akteure richtet und verbindliche Mindeststandards definiert. Auf gesetzlicher Ebene wird die GfP durch § 5 des Bundesnaturschutzgesetzes, § 17 des Bundes-Bodenschutzgesetzes und durch § 2a des Pflanzenschutzgesetzes geregelt. Laut BMELV (2010a: 3) dient die GfP *„der Gesunderhaltung und Qualitätssicherung von Pflanzen und Pflanzenerzeugnissen durch vorbeugende Maßnahmen, Verhütung der Einschleppung oder Verschleppung von Schadorganismen, Abwehr oder Bekämpfung von Schadorganismen und der Abwehr von Gefahren, die durch die Anwendung, das Lagern und den sonstigen Umgang mit Pflanzenschutzmitteln oder durch andere Maßnahmen des Pflanzenschutzes, insbesondere für die Gesundheit von Mensch und Tier und für den Naturhaushalt, entstehen können".* Zusätzlich bestehen zahlreiche nationale und internationale Verpflichtungen, um die aus der Landwirtschaft stammenden Umweltbelastungen auf ein dauerhaft tragbares Maß zurückzuführen (Umweltbundesamt 2011).

Für die ökologische Landwirtschaft beziehungsweise für Produkte, die als Bio-Ware ausgelobt werden sollen, gelten strengere Regeln, die länderübergreifend mittels europäischer Rechtsvorschriften definiert sind. Aktuell gültig ist die EG-Öko-Basisverordnung (EG) Nr. 834/2007 (kurz: EG-Öko-Verordnung) über die ökologische Produktion und die Kennzeichnung von eben diesen Erzeugnissen, mit ihren Durchführungsverordnungen (EG) Nr. 889/2008 und (EG) Nr. 1235/2008. Die erstgenannte Durchführungsverordnung enthält Vorschriften hinsichtlich der ökologischen Produktion, Kennzeichnung und Kontrolle von landwirtschaftlichen Erzeugnissen, während die zweitgenannte der Regelung der Einfuhren von ökologischen Erzeugnissen aus Drittländern dient. Auf nationaler Ebene gewährleistet das Öko-Landbaugesetz, das Öko-Kennzeichengesetz und die Öko-Kennzeichnungs-Verordnung die Durchführung der EG-Öko-Verordnung.

Viele Biolandwirte und Verarbeitungsbetriebe in Deutschland sind in Verbänden des ökologischen Landbaus, wie Bioland, Demeter, Gäa oder Naturland organisiert. Die Verbände haben eigene Richtlinien, die über die Forderungen der EG-Öko-Verordnung teils weit hinaus gehen. (NABU 2012) Die genauen Unterschiede der Verbands-Richtlinien bleiben allerdings in diesem Text ungeachtet; vielmehr soll ein Augenmerk auf die Anforderungen nach EG-Öko-Verordnung beim Kartoffel-Anbau gelegt werden. Allgemein lassen sich aber die folgenden grundlegenden Prinzipien nennen, die für alle Arten des Ökolandbaus gelten (Ökolandbau 2011a):

- *Geschlossener Betriebskreislauf* (Ackerbau und Viehhaltung sind aneinander gekoppelt),
- *Artgerechte Tierhaltung* (Natürlichen Bedürfnissen wie Futteraufnahme, Körperpflege, Sozialkontakte, Fortbewegung und Ruhe können nachgegangen werden),
- *Pflanzenschutz* (Stärkung pflanzeneigener Abwehrkräfte und natürliche Regulationsmechanismen),
- *Erhalt der Bodenfruchtbarkeit* (Wirkungskette „gesunder Boden = gesunde Pflanzen = gesunde Tiere = gesunde Menschen"),
- *Düngung* (Mineralisch, betriebseigene pflanzliche und tierische Abfallstoffe, Fruchtfolgeregelung),
- *Verzicht auf Gentechnik* (Sichtweise des Lebewesens als Teil eines lebendigen Systems und kein beliebig zerlegbares Bauelement) und
- *Produktion hochwertiger Lebensmittel* (Hoher Gehalt wertgebender und niedriger Gehalt wertmindernder Inhaltsstoffe).

In ♦ Tabelle 1 wird eine Auswahl wesentlicher Unterschiede im konventionellen und ökologischen Pflanzenbau dargestellt, die im Weiteren in Bezug auf Kartoffeln näher erläutert werden.

Tab. 1: Vergleich ausgewählter Pflanzenbaulicher Aspekte der ökologischen und konventionellen Landwirtschaft

	Ökologischer Landbau (nach *EG-Öko-Verordnung*)	Konventioneller Landbau
Einsatz GVO[1]	• Verboten	• Geregelt durch *EG-Gentechnik-Durchführungsgesetz* und *Gentechnikgesetz*
Einsatz ionisierender Strahlung	• Verboten	• Zugelassen nach *Lebensmittelbestrahlungsverordnung (LMBestrV)*
Saat-/Pflanzgut	• Ökologisch erzeugt • Mutterpflanze muss mind. eine Generation/ Mehrjährige Kulturen für die Dauer von zwei Wachstumsperioden nach EG-Öko-VO erzeugt worden sein • (CMS[2]-) Hybride erlaubt • Verbot von Hydrokultur	• Vorrangig (CMS[2]-) Hybride aus Protoplastenfusion
Pflanzenschutz	• Vorbeugung durch: Standort- und Sortenwahl, Bodenbearbeitung, Fruchtfolge, Pflanzenhygiene, Düngung, Förderung von Nützlingen, mechanische und thermische Unkrautregulierung • Zulässige Pflanzenschutzmittel: Pflanzlich (z.B. Neem, Paraffinöl), mikrobiell, tierisch und mineralisch (z.B. Kupfer) • Neben EG-Öko-VO und deren Durchführungs-VO geregelt durch *Betriebsmittelliste für den ökologischen Landbau*	• Geeignete, weit gestellte Fruchtfolge • Über 200 gelistete Wirkstoffe, vorrangig chemisch-synthetisch • *Positivliste* des Bundesamtes für Verbraucherschutz und Lebensmittelsicherheit (BVL) • *Planzenschutzgesetz (PflSchG)*, Gute fachliche Praxis im Pflanzenschutz, *Pflanzenschutz-Anwendungsverordnung (PflSchAnwV)*
Düngung	• Erhalt/Verbesserung der Bodenfruchtbarkeit durch geeignete Fruchtfolge, Anbau von Leguminosen, Gründüngungspflanzen und Tiefwurzeln • Organische Düngung aus Ökobetrieb (z.B. Tierexkremente, Pflanzenkompost) und mineralischer Dünger (z.B. Gesteinsmehle, Kalke, Schwefel) • Eintrag an Gesamtstickstoff (N) nicht begrenzt, aber jährlich max. 170 kg N/ha an Wirtschaftsdünger tierischer Herkunft • Verbot von chemisch-synthetischen N-Düngern, leicht löslicher Phosphate, Nitrat-, Ammonium- und Harnstoffdüngern, Klärschlamm, Müllkompost • Neben EG-Öko-VO und deren Durchführungs-VO geregelt durch *Betriebsmittelliste für den ökologischen Landbau*	• Erhalt/Verbesserung der Bodenfruchtbarkeit durch geeignete Fruchtfolge • Wirtschaftsdünger, Jauche, Gülle, Pflanzenhilfsmittel, Bodenhilfsstoffe, Kultursubstrate • Eintrag an N nicht begrenzt, aber jährlich max. 170 kg N/ha an Wirtschaftsdünger tierischer Herkunft auf landwirtschaftlich genutzter Fläche bzw. max. 230 kg N/ha auf Grünland und Feldgras • Geregelte Grenzwerte nach *Düngegesetz (DüngG)*, *Düngeverordnung (DüV)*, *Düngemittelverordnung*, *Klärschlammverordnung (AbfKlärV)*, *Bioabfallverordnung (BioAbfV)* • *Positivliste* des BVL

[1] GVO = Gentechnisch-Veränderte-Organismen   [2] CMS = Cytoplasmatische männliche Sterilität
Quelle: Eigene Darstellung basierend auf Recherche bei BMELV 2012a (http://www.bmelv.de)

3.2 Wirtschaftliche Bedeutung der Kartoffel

3.2.1 Anbaufläche und Ertrag

Deutschland steht an sechster Stelle der weltweit bedeutendsten Kartoffelerzeuger. Angeführt wird diese Rangliste von China, gefolgt von Russland und Indien. (BMELV 2012b) Nach Angaben aus dem Jahr 2010, verzeichnete das Statistische Bundesamt (2011) eine Gesamtanbaufläche von 254.367 Hektar (ha) Kartoffeln in Deutschland, deren Anteil an ökologischer Produktion 8.036 ha ausmachte (♦ Tabelle 2). 2011 war die Anbaufläche um zwei Prozent auf 259.600 ha gewachsen (BMELV 2011), neuere Angaben zur Biobranche existieren derzeit noch nicht. Die Anbaufläche im ökologischen Landbau ist aber in den letzten Jahren stetig gewachsen, im Gegensatz zur allgemeinen Anbausituation. Denn gesamt betrachtet ist die Anbaufläche von Kartoffeln stark rückläufig, vergleicht man den heutigen Stand mit den Angaben von 1990, als sich die Fläche noch auf etwa 550.000 ha belief. Neben der Ursache des gegenwärtigen Angebotes zahlreicher Substitutionsgüter, ist dies auch darauf zurück zu führen, dass Kartoffeln in der Vergangenheit als Schweinefutter dienten. Aus Kostengründen wird heute eher Getreide gefüttert. (Kreuzer & Strommel 2009) Aufschlüsse über die enorme Entwicklung, die sich in dem Sektor trotz dieses Flächenvergleichs vollzogen hat, liefern die Angaben zu den Ertragszahlen. Lagen diese im Jahr 1990 noch bei 256 Dezitonnen pro Hektar (dt/ha) (Statistische Bundesamt 2011), erzielte man 2011 im konventionellen Anbau eine Menge von 460 dt/ha (BMELV 2011). Die Ertragsspanne zwischen konventionellem und ökologischem Anbau ist relativ hoch; so lagen die Erträge von Bio-Kartoffeln in den vergangenen Jahren nur knapp über 200 dt/ha, doch auch mit einer steigenden Tendenz zu früheren Erhebungen (Böhm et al. 2011a: 8). Es lässt sich daher darauf schließen, dass verbesserte Anbau- und Erntemethoden die Landwirte befähigen, die geschrumpfte Anbaufläche mittels Innovationen auszugleichen. Zudem begünstigt der Rückgang der gesamten Kartoffelanbaufläche den Anteil der ökologischen Produktion, der nun etwa 3,2 Prozent beträgt.

Tab. 2: Landwirtschaftliche Betriebe nach Art der Bewirtschaftung im Kartoffelbau im Jahr 2010

	Insgesamt		Davon			Betriebe ohne ökologischen Landbau	
			Betriebe mit ökologischem Landbau				
			zusammen		darunter		
					in die ökologische Landwirtschaftsweise einbezogene		
	Anzahl Betriebe	Fläche (ha)	Anzahl Betriebe	Fläche (ha)	Fläche (ha)	Anzahl Betriebe	Fläche (ha)
Kartoffeln	39.950	254.367	2.839	8.800	8.036	37.111	245.566

Quelle: Eigene Darstellung nach Statistisches Bundesamt 2011:62

3.2.2 Vermarktung

Bei großem Angebotsdruck während der Ernte liegen die Erzeugerpreise für Speisekartoffeln umgerechnet bei sieben bis elf Euro/dt für konventionelle Kartoffeln. Teilweise bieten Landwirte die Ware auch günstiger an. (BMELV 2011) Generell muss bei der Betrachtung der Preisentwicklung beachtet werden, dass es sich um Durchschnittspreise der verschiedenen Verwertungsrichtungen der Kartoffeln handelt, die Preise setzen sich also sowohl aus Speisekartoffeln, Verarbeitungsware und Kartoffeln für die industrielle Verwertung zusammen. Da Industrie- und Veredlungskartoffeln meist im Vertragsanbau angebaut werden, gilt hierfür eine andere Preisbildung als für den freien Markt der Speisekartoffeln. Aus diesem Grund sind die Preise über die Jahre gesehen relativ konstant. Im ökologischen Landbau liegen die Preise deutlich höher. Durchschnittlich erzielen Öko-Kartoffeln zwischen 20 und 30 Euro/dt. Der enorme Preisanstieg von 2007 (♦ Abbildung 1), wurde verursacht durch deutliche Mindererträge aufgrund einer sehr frühen Kraut- und Knollenfäule-Infektion in Norddeutschland, wodurch ein geringes Angebot der hohen Nachfrage gegenüberstand und sich somit Preise von über 50 Euro/dt am Markt durchsetzen ließen. (Böhm et al. 2011a: 20f.)
Im Jahr 2010 wurden zusätzlich 573.768 Tonnen (t) Kartoffeln nach Deutschland importiert (BMELV 2010b). Exportiert wurden 1.592.520 t Kartoffeln, die damit im Vergleich zu Obst, Gemüse, Schalenfrüchten und

Mostobst den mit Abstand größten Mengenanteil in Deutschland bezogen auf die Ausfuhr hatten. Der Wert der Kartoffel liegt dagegen deutlich hinter dem der genannten Güter. So erzielte der Export der Kartoffel beispielsweise im Jahr 2010 231.307 Euro, während der Marktwert von Schalenfrüchten 488.896 Euro bei einer vergleichsweise geringen Ausfuhr von 112.040 t betrug. Hauptabnahmeländer sind die Niederlande und Belgien, außerhalb der Europäischen Union exportiert Deutschland einen Großteil seiner Kartoffeln nach Russland und Ägypten. (BMELV 2010b)

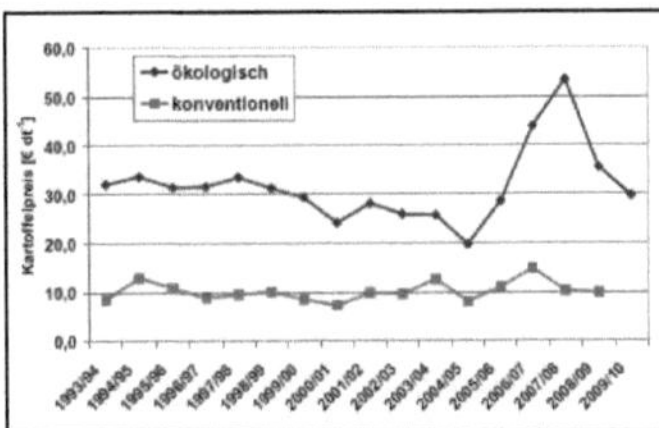

Abb. 1: Preisentwicklung von konventionell und ökologisch erzeugten Kartoffeln von 1993/94 bis 2009/10
Quelle: BMELV verschiedene Jahrgänge, zitiert in Böhm et al. 2011b:20

3.3 Anbau von Kartoffel

3.3.1 Qualitätsansprüche

Die Anbaustrategien für ökologisch erzeugte Speisekartoffeln haben die zentrale Zielgröße der Erzeugung eines qualitativ hochwertigen Produktes unter dem Aspekt der Ertragsoptimierung und -sicherung (Böhm & Haase 2003: 38). Denn die Öko-Kartoffeln unterliegen den gleichen Anforderungen an die optische Qualität wie die Ware aus konventioneller Erzeugung. Zusätzliche Anforderungen in Bezug auf sensorische Eigenschaften werden vom Endkunden und zum Teil auch vom Handel gestellt. (Böhm et al. 2011b: 2) Von Bedeutung sind hierbei die Merkmale Kochtyp und Reifegruppe sowie die Vorgaben der Handelsklassenverordnung. Die Qualität von Speisekartoffeln mit entsprechend guten Koch- und Speiseeigenschaften kann mittels verschiedener Merkmale beschrieben werden. Schuphan (1961) definierte die Qualität als die Summe aller subjektiven und objektiven Qualitätsmerkmale bei Nahrungspflanzen und nahm eine Einteilung nach der Marktqualität oder auch äußeren Beschaffenheit, der Gebrauchsqualität und der biologischer Qualität vor. Diese Definition ist stetig erweitert worden. ♦ Abbildung 2 liefert einen Überblick über die Merkmale, die zur Charakterisierung der Kartoffel-Qualität dienen.

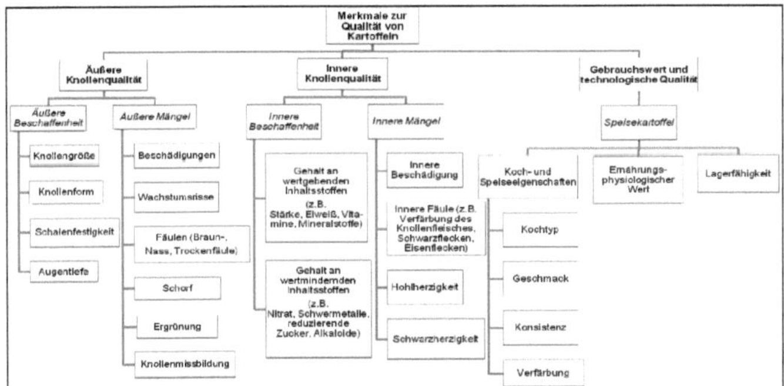

Abb. 2: Merkmale zur Charakterisierung der Qualität von Kartoffeln
Quelle: Eigene Darstellung nach Schuhmann 2011:13

3.3.2 Saat- und Pflanzgut

Das Saat- und Pflanzgut birgt einige Komplikationen für den Ökolandbau, da konventionell gezüchtete Sorten aus verschiedenen Gründen nicht für die spezifischen Bedingungen auf den Bio-Betrieben geeignet sind. In der konventionellen Pflanzenzucht werden Pflanzen für eine Produktionsweise entwickelt, in der chemische Dünge- und Pflanzenschutzmittel integraler Bestandteil sind. (BÖLW 2009: 18) Auch erfolgt die Züchtung heute zunehmend monopolisiert in wenigen multinationalen Chemie- oder Agrarkonzernen. 2006 bestimmen die fünf größten Saatgutunternehmen weltweit bereits über 40 Prozent des gesamten kommerziellen Saatgutmarktes, mit steigender Tendenz. Für diese Konzerne stehen Kriterien im Vordergrund, die einer standortangepassten ökologischen Bewirtschaftung entgegenstehen, wie beispielsweise weltweite Anbaufähigkeit,

Herbizidresistenz und Patentierung. Ebenfalls dominieren technologische Eigenschaften, wie die maschinelle Schälbarkeit von Kartoffeln. So verlieren viele der traditionellen Sorten ihren Wert, es droht der Verlust an Vielfalt durch Monokulturen. (Roeckl & Willing 2006: 139)
In der ökologischen Landwirtschaft umstritten sind sowohl die konventionell übliche Zuchtmethode der Hybride mit Inzuchtlinien als auch der Ernährungswert dieser Hybridsorten. Gleiches gilt für CMS-Hybride (CMS = cytoplasmatische männliche Sterilität), die das Ergebnis einer Protoplastenfusion, also der Verschmelzung von artfremden Zellen und Zellkernen sind. Die gewünschten Eigenschaften, wie ein besonders kräftiger Wuchs, zeigen sie beide nur in der ersten Generation, denn sie können von Gärtnern und Landwirten nicht aus eigenem Saatgut nachgebaut, sondern müssen jedes Jahr neu zugekauft werden. Ein weiterer Faktor ist der durch die EG-Öko-Verordnung verbotene Einsatz von Gentechnik und ionisierter Strahlung, den es auch bei der Auswahl des Saatgutes zu beachten gilt. (Roeckl & Willing 2006: 139) Bisher stehen jedoch nur sehr wenige ökologisch gezüchtete Sorten zur Verfügung, da noch nicht für alle Fruchtarten Öko-Sorten vorliegen, die bisher entwickelten Sorten zum Teil an Kapazitätsgrenzen stoßen und zudem die Finanzierung ökologischer Züchtung aufgrund des geringen Marktanteils erschwert ist. Aus diesem Grund setzen die Betriebe zunächst ökologisch vermehrtes Saatgut ein, welches konventionell gezüchtet, aber mindestens ein Jahr lang auf einem anerkannten Bio-Betrieb vermehrt wurde. (Kunz et al. 2006: 24) In Deutschland wird die Verfügbarkeit ökologischen Saatgutes in der Datenbank OrganicXseeds dokumentiert. Bei entsprechender Verfügbarkeit ist der Einsatz von Saatgut aus ökologischer Vermehrung laut EG-Öko-Verordnung zwingend.
Generell ist der Kartoffelanbau aus phytopathologischer Sicht auf Sorten mit möglichst geringer Krankheitsanfälligkeit angewiesen. Im Hinblick auf einen möglichen Befall mit Kraut- und Knollenfäule (*Phytophthora infestans*) sind Sorten mit einem frühen und nicht zu hohen Knollenansatz zu bevorzugen, damit eine ausreichende Knollengröße mit einem möglichst hohen Anteil marktfähiger Ware zu gewährleisten. (Böhm & Haase 2003:38) Von enormer Bedeutung ist im ökologischen Anbau die Pflanzgutvorbereitung mittels Vorkeimung der Knollen. Durch diese frühe Wachstumsentwicklung entstehen unter anderem folgende Vorteile (Ökolandbau 2011b):

- Bei kühler Frühjahrswitterung wird besseres Wachstum gewährleistet.
- Schnellere Bodenbedeckung und damit verbundene Minderung der Erosionsgefahr und des Unkrautdrucks.
- Möglichkeit zum Feststellen von Pilzen an den Keimen und so höhere Ertragssicherheit.
- Erhöhung des physiologischen Alters und damit verminderte Knollenzahl bei größerer Sortierung.
- Ausnutzen der früher eintretenden Altersresistenz der Blätter gegenüber der Gefahr der Virusübertragung.

3.3.3 Anbautechnik

Generell bevorzugen Kartoffeln nährstoffreiche, humose, siebfähige Böden mit ausgeglichener Wasserführung. Auch eine gute Kaliumverfügbarkeit sollte gegeben sein, damit möglichst geringe Knollenverfärbungen wie Schwarzfleckigkeit oder Kochdunkeln auftreten. Das Optimum der Tagestemperatur für die Knollenbildung liegt zwischen 20 und 22 Grad Celsius. (Ökolandbau 2011b)
Die wichtigsten Ziele bei der Pflege der Kartoffeln sind eine effektive Unkrautregulierung, eine gute Bodenkrümelung durch die Förderung der Mineralisierung und leicht absiebbare Dämme für die Ernte sowie der Aufbau von gut geformten und großvolumigen Dämmen (♦ Abbildung 3). Der Geräteeinsatz ist standortabhängig und in seiner Effektivität stark von den Witterungsbedingungen abhängig. Wichtig sind bei der Unkrautregulierung eine termingerechte Durchführung der Pflegemaßnahmen im Keimstadium der Unkräuter sowie ein rechtzeitiges Abschlusshäufeln, um Verletzungen am empfindlichen Wurzelwerk der Kartoffelpflanzen mit der Folge erheblicher Ertragseinbußen zu vermeiden. (Böhm & Haase 2003: 39)
Die Fruchtfolgestellung der Kartoffel im ökologischen Landbau ist in engem Zusammenhang mit der Bodenbearbeitung und der Düngung zu betrachten. Vor dem Hintergrund einer ausreichenden Nährstoffversorgung muss die Fruchtfolgestellung den Stickstoffbedarf sowie eine gute Struktur sicherstellen. (Böhm & Haase 2003: 38) Kartoffeln stehen meist nach Getreide oder Körnerleguminosen mit Zwischenf-

**Abb. 3: Typische Dammbepflan-
zung im Kartoffelanbau**
Quelle: Samro 2009

rüchten. Nicht zu empfehlen ist der Anbau von Kleegras vor Kartoffeln, da eine zu hohe Stickstoffnachlieferung und eine Gefährdung durch den Rhizoctonia-Pilz die Folge sein können. Auch wenn im ökologischen Landbau einige Pflanzenschutzprobleme durch diese erweiterte Fruchtfolge und geringeres Düngungsniveau tendenziell verringert wurden, sind noch viele Probleme ungelöst und durch den Wegfall der konventionell üblichen Pestizide müssen verstärkt Alternativen gesucht werden. So erfolgt die Düngung meist mit sulfatischem Kali und bei einer abzusehenden zu geringen Stickstofflieferung aus der Vorfrucht mittels Einsatz von zugelassenen organischen Stickstoff-Handelsdüngern. Je rascher die Ertragsbildung im Frühsommer durch genügend Stickstoffangebot im Boden fortgeschritten ist, desto weniger ertragsrelevant ist das Aufkommen von Krautfäule. (Ökolandbau 2011b) Die Düngung sollte generell bedarfsgerecht erfolgen und Rücksicht auf mögliche Umweltauswirkungen nehmen. Bei den meist verwendeten Mineraldüngern und hofeigenen Düngern sind die wichtigsten Einflussgrößen die Art des Düngers, also ob sie im Boden schnell oder langsam verfügbar sind, der Düngezeitpunkt, die Ausbringmenge und Einarbeitung, die Nährstoffkonzentration, die Nährstoffbilanz und der Tierbesatz sowie die Bodenbedeckung. (Ökolandbau 2011c) Ein Vorteil der geringeren Stickstoffdüngung lässt sich am fertigen Produkt bezüglich des Geschmacks messen. Denn Kartoffeln aus ökologischem Anbau wachsen langsamer und speichern daher weniger Wasser als konventionelle Knollen; das Aroma kann sich besser entwickeln und die Kartoffeln schmecken intensiver. (Bioland 2012)

Das Verbot von chemisch-synthetischen Düngern und Pflanzenschutzmitteln im Ökolandbau basiert auf den nachgewiesenen Beeinträchtigungen, die für die direkte und indirekte Umwelt aufgrund dieser Stoffe entstehen. Indirekte Umwelteinflüsse ergeben sich aus der Herstellung der Pflanzenschutzmittel, denn für ihre Produktion werden fossile Energien benötigt und somit Kohlendioxid-Emissionen verursacht, die sich nachteilig auf das Klima auswirken können. Die direkten Einflüsse der Anwendung von chemisch-synthetischen Mitteln in der Landwirtschaft lassen sich in folgenden drei Hauptpunkten zusammenfassen (Ökolandbau 2011c):

- Kontamination des Trinkwassers,
- Rückstände in Lebensmitteln und
- negative Einflüsse auf die Biodiversität.

Im Bereich des Pflanzenschutzes ist im ökologischen Kartoffelbau der bereits erwähnte Befall mit Kraut- und Knollenfäule von besonderer Bedeutung. Ebenfalls bereiten Kartoffelkäfer Probleme, die meist von Hand oder maschinell abgesammelt werden. (Böhm & Haase 2003: 39) Neben der Pflanzgutvorbereitung steht als effektive Regulierungsmaßnahme derzeit ausschließlich der Einsatz kupferhaltiger Pflanzenschutzmittel zur Verfügung. Diese stehen stark in der Kritik, auch wenn aus humantoxikologischer Sicht die Kupferbelastungen über den Pfad „Boden-Nutzpflanze-Mensch" nicht relevant ist, da Pflanzen einen Schutzmechanismus gegen zu hohe Kupfer-Gehalte besitzen, so dass phytotoxische Effekte bereits unterhalb des humantoxikologisch wirksamen Bereichs auftreten. (Wilbois et al. 2009: 141) Die EG-Öko-Verordnung legt die zulässige Höchstmenge an Reinkupfer auf maximal 6,0 kg/ha fest. Verbandsvorschriften geben meist geringere Mengen vor. So dürfen beispielsweise Landwirte, die dem Demeter-Verband angehören, unter Inkaufnahme von Ertragseinbußen, ausschließlich Kupferpräparate bei Dauerkulturen wie Obst, Wein und Hopfen anwenden (Demeter 2008 & 2011). Legt man die jährlichen Gesamtfrachten zugrunde, erscheint die zu Pflanzenschutzzwecken applizierte Gesamtmenge im Öko-Landbau mit etwa 20 t/Jahr beziehungsweise 300 t/Jahr im konventionellen Anbau im Vergleich beispielsweise zur Fracht durch Wirtschaftsdünger (etwa 2.300 t/Jahr) oder Klärschlamm (etwa 450 t/Jahr) zunächst gering. Jedoch müssen die möglichen langfristigen Anreicherungseffekte auf einzelnen Flächen sowie die nach aktuell verfügbaren Daten wissenschaftlich nicht auszuschließenden negativen Effekte auf Organismen wie Vögel, Kleinsäuger, Regenwürmer und aquatische Organismen beachtet werden. Dies verdeutlicht die Notwendigkeit, Präparate und Verfahren zu erforschen, die in der Lage sind, Kupfer als Pflanzenschutzmittel gleichwertig zu ersetzen und den Kupferaufwand im Pflanzenschutz durch die Verbesserung von Produkten und Applikationstechniken sowie begleitende pflanzenbauliche Maßnahmen weiter zu reduzieren. (Wilbois et al. 2009: 142) Zu nennen sind in diesem Zusammenhang die Erkenntnisse, die das Forscherteam Crowder et al. (2010: 109ff.) in Feldversuchen gewann. Sie untersuchten die Verteilung von Insekten und ihrer natürlichen Feinde am Beispiel von Kartoffeln und konnten belegen, dass eine biologische Anbauweise im Vergleich zum konventionellen Anbau zu einer ausgewogeneren Artenvielfalt an Insekten und deren Feinden innerhalb der Anbauflächen führt und somit deutlich besser dazu geeignet ist, Schädlingsbefall präventiv zu verhindern als konventioneller Landbau. Als Ergebnis dieses Gleichgewichts konnten die Forscher außerdem ein besseres Pflanzenwachstum in den Biofeldern nachweisen. Diesen Punkten nach ist es unwahrscheinlich, das im Ökolandbau eine Art über die andere dominiert und den Erfordernissen der anfangs erwähnten grundlegenden Prinzipien wird so Folge geleistet.

3.3.4 Ernte und Lagerung

Das Absterben des Kartoffelkrautes symbolisiert die Erntereife der Knollen. Nach dem kompletten Absterben des Krautes bedarf es aber zwei bis drei weiterer Wochen, bis die gewünschte Schalenfestigkeit der Knollen erreicht ist. Nach diesem Zeitraum sollte die Ernte beginnen, denn die Drahtwurm-, Silberschorf- und Rhizoctoniagefahr steigt beim Verbleib der Kartoffeln im Damm. (Wölfel et al. 2010:19) Die Einlagerung sollte beschädigungsfrei und schonend erfolgen. Oftmals werden Kisten mit etwa einer Tonne Fassungsvermögen verwendet, die bereits am Feld befüllt werden. Voraussetzung hierfür ist eine gute Arbeit am Verlesetisch des Roders, da sonst zu viele Kluten oder faule Knollen in das Lager gelangen. Damit geht zwar eine geringere Rodeleistung durch längere Überladezeiten einher, doch weitere Beschädigungen werden so vermieden. Die Kisten werden anschließend in das Lager gestellt und belüftet. Die Knollen sollen trocken sein oder durch die Belüftung abtrocknen. Während der Wundheilungsphase, die etwa zwei Wochen bei 15 Grad andauert, werden aufgetretene Verletzungen verkorkt. Ist dies geschehen, wird in der Regel bei Speisekartoffeln je nach Sorte auf die optimale Lagertemperatur von etwa vier Grad abgekühlt. Kartoffeln, die zur Chips- oder Pommesverarbeitung gedacht sind, werden bei acht Grad gelagert, da niedrigere Temperaturen zu einer erhöhten Entstehung von reduzierenden Zuckern in der Knolle führen und diese sich dadurch dunkel verfärben können. Somit sind Verarbeitungskartoffeln nur bedingt lagerfähig. Vor dem Auslagern und Sortieren muss auf eine Kerntemperatur von zehn Grad angewärmt werden, da die auftretenden Beschädigungen ansonsten zu stark sind. (Ökolandbau 2011d)

Damit der Endverbraucher die gewünschte Kartoffelqualität erhält, ist die Keimhemmung ein weiterer wichtiger Faktor. Im konventionellen Bereich erfolgt dies nach der Ernte mittels des chemischen Wirkstoffes „*Chlorpropham*", der als Wachstumsregler die Zellteilung in den Augen und damit das Wachstum der Keime an den Knollen unterdrückt. Teilweise werden die Knollen bereits im Feld mit dem Wirkstoff „*Maleinsäurehydrazid*" behandelt. Da dieses Präparat noch nicht lange auf dem Markt ist, gibt es kaum Erfahrungswerte über die Tauglichkeit. Im ökologischen Landbau erfolgt die Keimhemmung mittels spezieller ätherischer Öle auf Pfefferminz- oder Kümmelbasis („*MitoBAR*"), deren Wirkung reversibel ist. Dies bedeutet, dass auch Pflanzkartoffeln damit behandelt werden können. Es wird eine temporäre Keimhemmung, je nach Sorte sechs bis zwölf Wochen, erreicht, während die Qualität nicht durch Fremdgeschmack oder -geruch beeinträchtigt wird. Ebenfalls zugelassen ist die Behandlung mit Ethylen. Diese wirkt sich allerdings negativ auf das physiologische Alter, die Backfarbe und den Geschmack der Knollen aus. Es ist daher fraglich, ob sich dieses relativ kostspielige Verfahren der Keimhemmung in Kartoffeln in Deutschland durchsetzt. (Landwirtschaftskammer Nordrhein-Westfalen 2011)

4 Schlussfolgerung und Ausblick

Die dargestellten Ergebnisse haben verdeutlicht, dass der Anbau von Kartoffeln im Ökolandbau in vieler Hinsicht einen klaren Mehraufwand erfordert als in der konventionellen Produktion. Doch um ihren Überzeugungen und den Grundlagen einer nachhaltigen, ökologischen Landwirtschaft nachzukommen, nehmen Öko-Landwirte mitunter Ertragseinbußen von über 40 Prozent in Kauf (Bioland 2012). Besonders bedeutend ist der Arbeitseinsatz, der in präventive Maßnahmen wie der Saatgut- und Sortenwahl sowie sämtlichen pflanzenbaulichen Maßnahmen verwendet wird. Der Mehraufwand rentiert sich für den Landwirt letztendlich aber über den Marktpreis und für den Verbraucher durch ein Lebensmittel, das geschmacklich überzeugt und zudem deutlich geringer mit Rückständen von Pflanzenschutz- und Düngemitteln belastet ist. So enthalten Ökokartoffeln bis zu 30 Prozent weniger Nitrat als mit chemisch-synthetischem Kunstdünger behandelte konventionelle Produkte (Frühschütz 2009). Hilfreich in Hinblick auf den Markterfolg der Öko-Kartoffel – insbesondere auch von Verarbeitungsprodukten – kann es daher sein, mittels gezieltem Marketing noch deutlicher auf ihren Genusswert hinzuweisen und so ein für den Verbraucher positives Image zu schaffen, wie es beispielsweise für Wein mit biologisch angebauten Trauben schon geschehen ist (Böhm et al. 2011b: 23). Forschungsbedarf besteht allerdings immer noch in Bezug auf die Regulierung von weit verbreiteten Krankheiten wie *Phytophthora infestans* und *Rhizoctonia solani* sowie der Minimierung des Kupfereinsatzes zu Pflanzenschutzzwecken. Die aktuelle Entwicklung ist positiv zu bewerten, so dass sich im Öko-Kartoffelanbau voraussichtlich in einer Frist von zehn bis 15 Jahren eine Kupferaufwandmenge erreichen lässt, die im mehrjährigen Durchschnitt dem pflanzlichen Entzug entspricht und damit im wissenschaftlichen Sinne als nachhaltig gelten kann (Wilbois et al. 2009: 148).

Quellen

Agrarmarkt Informations-Gesellschaft (AMI), Hrsg., 2011: *Marktbilanz Öko-Landbau 2011*. Bonn: Agrarmarkt Informati ons-Gesellschaft mbH.

Bioland, Hrsg., 2012: *Bioland-Kartoffeln*, [Online]. Verfügbar unter: http://www.bioland.de/kunden/wissenswertes/kartoffeln/kartoffelgeschmack.html [Zugriff: 26.01.2012]

Böhm, H. & Haase, N., 2003: *Kartoffelanbau im ökologischen Landbau – Stand des Wissens und gegenwärtige Forschungsarbeiten, [Online].* Verfügbar unter: http://orgprints.org/00002129/ [Zugriff: 11.01.2012]

Böhm, H. et al., 2011ₐ: Anbaubedeutung von Kartoffeln im Ökologischen Landbau, Vermarktung und zukünftige Entwicklungen. In Böhm, H., Hrsg. *Optimierung der ökologischen Kartoffelproduktion*. Braunschweig: Johann Heinrich von Thünen-Institut (vTI). 15-24.

Böhm, H. et al., 2011ᵦ: Forschungsprojekt zur Optimierung der ökologischen Kartoffelproduktion – Hinter grund und Projektbeschreibung. In Böhm, H., Hrsg. *Optimierung der ökologischen Kartoffelprodukti on*. Braunschweig: Johann Heinrich von Thünen-Institut (vTI). 1-13.

Bund Ökologische Lebensmittelwirtschaft (BÖLW), Hrsg., 2009: *Nachgefragt: 28 Antworten zum Stand des Wissens rund um Öko-Landbau und Bio-Lebensmittel*, 3. Auflage. Berlin: Bund Ökologische Lebensmittelwirtschaft e. V. (BÖLW).

Bundesministerium für Ernährung, Landwirtschaft und Verbraucherschutz (BMELV), Hrsg., 2010ᵦ: *Gliederung der Jahreseinfuhrstatistik 2010 „Südfrüchte, Obst, Gemüse, Schalenfrüchte, Kartoffeln sowie Mostobst"*, [Online]. Verfügbar unter: http://berichte.bmelv-statistik.de/AHB-0033401-2010.pdf [Zugriff: 14.02.2012]

Bundesministerium für Ernährung, Landwirtschaft und Verbraucherschutz (BMELV), Hrsg., 2010ₐ: *Gute fachliche Praxis im Pflanzenschutz*. Bonn: Bundesministerium für Ernährung, Landwirtschaft und Verbraucherschutz (BMELV).

Bundesministerium für Ernährung, Landwirtschaft und Verbraucherschutz (BMELV), Hrsg., 2011: *Erfolgreiche Kartoffelernte 2011: Hervorragende Erträge, aber schwächeres Preisniveau*, Pressemit teilung Nr. 198 vom 28.09.11, [Online]. Verfügbar unter: http://berichte.bmelv-statistik.de/EQB-6001020-2011.pdf [Zugriff: 23.01.2012]

Bundesministerium für Ernährung, Landwirtschaft und Verbraucherschutz (BMELV), Hrsg., 2012ᵦ: *Kartoffeln* [online]. Verfügbar unter: http://www.bmelv.de/SharedDocs/Standardartikel/Landwirtschaft/Agrarmaerkte/Produkte/Kartoffel.hml [Zugriff: 12.01.2012]

Bundesministerium für Ernährung, Landwirtschaft und Verbraucherschutz (BMELV), Hrsg., 2012ₐ: *Landwirtschaft & Ländliche Räume* [online]. Verfügbar unter: http://www.bmelv.de/DE/Landwirtschaft/landwirtschaft_node.html [Zugriff: 24.01.2012]

Crowder, D. et al., 2010: Organic agriculture promotes evenness and natural pest control. In: *Nature* 466, Juli 2010, 109-112.

Demeter, Hrsg., 2008: *Anwendung von Kupfer im ökologischen Landbau*, [Online]. Verfügbar unter: http://www.demeter.de/index.php?id=1726&no_cache=1&tx_ttnews[tt_news]=202 [Zugriff: 15.01.2012]

Demeter, Hrsg., 2011: *Richtlinien für die Zertifizierung der Demeter-Qualität Erzeugung*. Darmstadt: Demeter e. V.

Deutsche Gesellschaft für Ernährung (DGE), Hrsg., 2010: *Die Kartoffel – ein wertvolles Lebensmittel. Presseinformation*, [Online]. Verfügbar unter: http://www.dge.de/pdf/presse/2010/DGE-Pressemeldung-aktuell-10-2010-Kartoffel-Solanin.pdf [Zugriff:03.01.2012]

Europäische Union, Hrsg., 2008: *VERORDNUNG (EG) Nr. 1235/2008 DER KOMMISSION vom 8. Dezember 2008*. Stand: Dezember 2008.

Europäische Union, Hrsg., 2009: *EG-ÖKO-BASISVERORDNUNG Nr. 834/2007 DES RATES vom 28. Juni 2007*. Stand: Januar 2009.

Europäische Union, Hrsg., 2011: *VERORDNUNG (EG) Nr. 889/2008 DER KOMMISSION vom 5. September 2008*. Stand: Mai 2011.

Frühschütz, L., 2009: *Bio- und konventionell angebaute Kartoffeln im Vergleich*, [Online]. Verfügbar unter: http://www.waswiressen.de/abisz/kartoffel_einkauf_bio_kartoffeln.php [Zugriff: 26.01.2012]

Kunz, P. et al., 2006: Züchtung von Bio-Qualitätsweizen in der Schweiz. In: *Ökologie & Landbau* 138, 2/2006, 23-25.

Kreuzer, N. & Strommel, H., 2009: *Kartoffelanbau in Deutschland*, [Online]. Verfügbar unter: http://www.was-wir-essen.de/abisz/kartoffel_erzeugung_bedeutung.php [Zugriff: 25.01.2012]

Landwirtschaftskammer Nordrhein-Westfalen, Hrsg., 2011: *Keimhemmung in Kartoffeln*, [Online]. Verfügbar unter: http://www.landwirtschaftskammer.de/landwirtschaft/pflanzenschutz/ackerbau/ kartoffeln/keimhemmung-pdf.pdf [Zugriff: 09.02.2012]

Naturschutzbund Deutschland (NABU), Hrsg., 2012: *Die Bodenfruchtbarkeit erhalten - Basisinfos zum Ökologischen Landbau*, [Online]. Verfügbar unter: http://www.nabu.de/themen/landwirtschaft/oekolandbau/ [Zugriff: 22.01.2012]

Ökolandbau, Hrsg., 2011$_d$: *Kartoffel: Bestellung, Pflege, Ernte*, [Online]. Verfügbar unter: http://www.oekolandbau.de/erzeuger/pflanzenbau/hackfruechte/kartoffeln/kartoffel-bestellung-pflege-ernte/ [Zugriff: 23.01.2012]

Ökolandbau, Hrsg., 2011$_b$: *Kartoffel: Pflanzgutvorbereitung, Standortansprüche, Fruchtfolgestellung*, [Online]. Verfügbar unter: http://www.oekolandbau.de/erzeuger/pflanzenbau/hackfruechte/kartoffeln/kartoffel-pflanzgutvorbereitung-standortansprueche-fruchtfolgestellung/ [Zugriff: 23.01.2012]

Ökolandbau, Hrsg., 2011$_a$: *Prinzipien des Ökolandbaus*, [Online]. Verfügbar unter: http://www.oekolandbau.de/erzeuger/grundlagen/prinzipien-des-oekolandbaus/ [Zugriff: 24.01.2012]

Ökolandbau, Hrsg., 2011$_c$: *Umweltrelevanz von Düngung und Pflanzenschutz*, [Online]. Verfügbar unter: http://www.oekolandbau.de/erzeuger/grundlagen/umweltleistungen/umweltrelevanz-von-duengung-und-pflanzenschutz/ [Zugriff: 25.01.2012]

Roeckl, C. & Willing, O., 2006: Eine Aufgabe für alle. Ökologische Saatgutzüchtung und ihre Voraussetzungen. In: Agrar Bündnis e.V., Hrsg., *Der Kritische Agrarbericht 2006*. Hamm: ABL Verlag. S. 139-144.

Samro, Hrsg., 2009: *Kartoffeltechnik*, Online]. Verfügbar unter: http://www.samro.ch/htm/kartoffeltechnik.htm [Zugriff: 28.01.2012]

Schupan, W., 1961: *Zur Qualität von Nahrungspflanzen*. München, Bonn, Wien: BLU-Verlag.

Statistisches Bundesamt, Hrsg., 2011: *Land- und Forstwirtschaft, Fischerei – Betriebe mit ökologischem Landbau Land wirtschaftszählung/Agrarstrukturerhebung 2010*, Fachserie 3 Reihe 2.2.1. Wiesbaden: Statistisches Bundesamt.

Statistisches Bundesamt, Hrsg., 2012: *Landwirtschaftliche Betriebe nach Art der Bewirtschaftung*, [Online]. Verfügbar unter: https://www.genesis.destatis.de/genesis/online/data;jsessionid=2E9B3F95AF4C50FC928E56E0C95ECBDA.tomcat_GO_1_1?operation=begriffsRecherche&suchanweisung=Kartoffeln [Zugriff 14.01.2012]

Umweltbundesamt, Hrsg., 2011: *Landwirtschaft und Nahrungsmittelindustrie - Umweltbelastungen durch die Land-wirtschaft*, [Online]. Verfügbar unter: http://www.umweltbundesamt.de/landwirtschaft/nahrungsmittelproduktion/umweltbelastungen.htm [Zugriff: 24.01.2012]

Wilbois, K.-P. et al., 2009: Kupfer als Pflanzenschutzmittel unter besonderer Berücksichtigung des Ökologischen Land baus. In: *Journal für Kulturpflanzen* 61 (4). 140-152.

Wölfel, S. et al., 2010: *Leitlinie zur effizienten und umweltverträglichen Erzeugung von Kartoffeln*. Jena: Thüringer Landesanstalt für Landwirtschaft.